· 有趣的科学法庭 ·

磁铁的命运

[韩]郑玩相 著

牛林杰 王宝霞 等译

3

物理法庭

科学普及出版社

· 北京 ·

作者简介

郑玩相

郑玩相，1985年毕业于韩国首尔大学无机材料工学系，1992年凭借超重力理论取得韩国科学技术院理论物理学博士学位。从1992年起，在国立庆尚大学基础科学部担任老师。先后在国际学术刊物上发表有关重力理论、量子力学对称性、应用数学以及数学·物理领域的100余篇论文。2000年担任晋州MBC"生活中的物理学"直播节目的嘉宾。

主要著作有《通过郑玩相教授模式学到的中学数学》、《有趣的科学法庭·物理法庭》（1～20），《有趣的科学法庭·生物法庭》（1～20），《有趣的科学法庭·数学法庭》（1～20），《有趣的科学法庭·地球法庭》（1～20），《有趣的科学法庭·化学法庭》（1～20）。还有专门为小学生讲解科学理论的《科学家们讲科学故事》系列丛书、《爱因斯坦讲相对性原理的故事》、《高斯讲数列理论的故事》、《毕达哥拉斯讲三角形的故事》、《居里夫人讲辐射线的故事》、《法拉第讲电磁铁与电动机的故事》等。

生活中一堂别开生面的科学课

　　"物理"与"法庭"是风马牛不相及的两个词语，对大家来说，也是不太容易理解的两个概念。虽然如此，本书的书名中却标有"物理法庭"这样的字眼，但大家千万不要因此就认为本书的内容很难理解。

　　虽然我学的是与法律无关的基础科学，但是我以"法庭"来命名此书是有缘由的。

　　本书从日常生活中经常接触到的一些棘手事件入手，试图运用物理学原理逐步解决。然而，判断这些大大小小事件的是非对错需要借助于一个舞台，于是"法庭"便作为这样一个舞台应运而生。

　　那么为什么必须叫"法庭"呢？因为最近出现了很多像《所罗门的选择》（韩国著名电视节目）那样，借助法律手段来解决日常生活中的棘手事件的电视节目。这类节目借助于诙谐幽默的人物形象，趣味十足的案件解决过程，将法律知识讲解得浅显易懂、妙趣横生，深受广大电视观众的喜爱。因而，本书也借助法庭的形式，尽最大努力让大家的物理学习过程变得轻松愉快、有滋有味。

　　读完本书后，大家一定会惊异于自己身上发生的变化。因为大家对科学的畏惧感已全然消失，取而代之的是对科学问题的无限好奇。当然大家的科学成绩也会像"芝麻开花节节高"。

　　运用物理学知识通常能作出正确的判断。这是因为物理学的法则与定律是近乎完美的真谛。我希望大家能对那些真谛有所体会与领悟。当然，我的希望能否实现还要取决于大家的判断。

　　此书得以付梓，离不开很多人的帮助。在这里，我要特别感谢给我以莫大勇气与鼓励的韩国子音和母音株式会社社长姜炳哲先生。韩国子音和母音株式会社的朋友们为了这一系列丛书的成功出版，牺牲了很多宝贵的时间，做出了很大的努力。在此我要向他们致以我最诚挚的感谢。同时，我还要感谢韩国晋州"SCICOM"科学创作社团的朋友们对我工作的鼎力协助。

郑玩相

作于晋州

目录

物理法庭的诞生

从前有一个叫作科学王国的国家，在这个国家里生活着一群爱好科学的人。科学王国的百姓们从小就把科学当作必修课程来学习。他们运用高新尖端技术开发新产品并取得了相当可观的收益，因此科学王国成为世界上最富有的国家。

科学包括物理学、化学、生物学等学科。不过，与其他科学科目相比，科学王国的百姓们觉得物理学更难。虽然在他们身边经常可以发现像石子下落、汽车相撞、游乐器械运转、静电等物理现象，但是真正了解这些物理现象原理的人却是少之又少。

这其中的原因与科学王国的大学入学考试制度有很大的关系。大部分的高中生都偏好于在大学入学考试中可以相对容易拿到高分的化学、生物，对于拿分困难的物理，他们是敬而远之。因此，在学校里教物理的老师越来越少，老师们的物理知识水平也越来越低。

在这种严峻的形势下，有关物理的大大小小的案件却在科学王国不断上演。这些案件一般交给由学法学的人组成的普通法庭处理。由于普通法庭的人员不懂物理学，很难公正、合理地判决这些案件。因此，越来越多的人开始不服这些法庭作出的判决。由此也引发了严重的社会问题。

于是，科学王国的博学总统组织召开了部长会议。

总统有气无力地说道："这个问题该如何处理才好呢？"

法务部部长满怀信心地说道："在宪法中增加一些物理方面的条款怎么样？"

总统似乎不是很满意地答道："会不会起不到什么作用呢？"

"对于跟物理学相关的案件，我们让物理学家出庭审判，如何？医疗案件中曾让医生出庭审判过，结果很成功。"医生出身的卫生部部长插了一句。

内务部部长向卫生部部长追问道："让医生参与审判有什么好的？医疗事故一般都是由于医生的失误引起的。如果有医生参与审判，医生往往就会偏向于被告医生的一方，为此受害者将数不尽数。"

"你懂医吗？这医学啊！讲的都是些专业性的知识，只有医生才懂！不懂在这瞎嚷嚷什么呀！"

"他们是一根绳上的蚂蚱。因此就只会作出对自己有利的判决！"

平日里关系不很融洽的两位部长为此吵得面红耳赤。

副总统打断了两个人的争吵："二位打住。我们现在又不是在说医疗案件，大家都回到正题上来，谈谈物理案件的解决办法。"

数学部部长建议道："那就先让我们听听物理部部长的意见吧。"

一直闭着眼睛默默地坐在那里的物理部部长开口了："我们组建一个以物理学为法律依据的新法庭，怎么样？也就是说组建一个物理法庭。"

"物理法庭？！"一直沉默的博学总统瞪大眼睛看着物理部部长。

物理部部长自信满满地说道："我们把有关物理的案件拿到物理法庭上去解决。同时，把在法庭上作出的判决登在报纸上广而告之。人们看了就可以认识到自己的错误，不会再争吵了。"

法务部部长提出了一个疑问："那么有关物理的法律是不是该由国会制定呢？"

"物理学是一门公正的学问。苹果树上的苹果会掉在地上而不会跑到天上，带正电的物体与带负电的物体之间是相互吸引的，这不会随地位或国家的不同而有所改变。这样的物理法则就存在于我们身边，不需要再制定新的物理法。"

物理部部长的话音刚落，总统就心满意足地笑了。就这样，专门负责科学王国物理案件的物理法庭诞生了。

现在只剩下决定物理法庭审判长和律师人选的事情了。由于物理学家不熟悉审判的程序，所以不能直接把审判工作交给他们来做。于是，科学王国举行了一场面向物理学家的司法考试。考试科目有两门，分别为物理学和审判法。

本以为大家会踊跃报名，结果在只选拔三名人员的考试中，仅有三人投了简历。事情的最终结果是三个人全部被录取了。

第一名和第二名的成绩还算让人满意，可是第三名的分数却很糟糕。最终，由第一名的王物理先生担任审判长，第二名的皮兹先生和第三名的吴利茫先生分别担任原被告的律师。

现在，科学王国百姓之间发生的众多物理案件终于可以通过物理法庭得到妥善解决了。与此同时，人们也可以通过物理法庭的判决轻松地学习物理知识。

太空里可以写字吗？

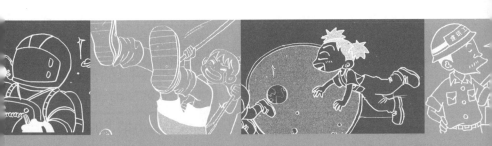

太空圆珠笔

太空圆珠笔

在太空中也可以使用圆珠笔吗？

科学王国终于进入了遨游太空的时代。现在往返月球的交通工具不仅有集体乘坐的大型飞船，而且也有只供个人乘坐的小型飞船。

平日就一直希望遨游太空的李笔记先生利用前一段时间攒下来的钱买了一艘小型飞船MINIS。在乘MINIS出发前，他打算先去买一些需要的东西。

喜欢旅行的李笔记在游览时十分喜欢写一些旅行随笔。因为这是他第一次离开地球的旅行，所以他显得特别的紧张。他去了小区的文具店。

"在太空旅行时想写些文章，给我些笔吧！"

文具店的主人全笔先生向李笔记先生推荐了最近卖得最好的一款。

"这支笔在太空也可以使用吗？"李笔记先生问到。

太空圆珠笔

"这笔不仅在太空可以使用，在天国都可以使用。"

李笔记相信了全笔先生的话，买了12支这样的笔并把它们放进了行李包。

一切准备妥当之后，李笔记乘坐MINIS朝着太空的方向飞去了。穿过地球大气圈后，便出现了失重状态。

李笔记先生的身体开始飘了起来。

李笔记从包中掏出笔想写点什么，但是在笔记本上却怎么也写不出字来，而且所有的圆珠笔都这样。结果在太空旅行期间一篇旅行随笔都没写成，李笔记先生沮丧地回来了。他觉得使自己没能写成关于太空旅行的感受是由文具店老板卖的笔不能在太空使用造成的，于是便把文具店的主人全笔先生告上了物理法庭。

太空圆珠笔

有质量的圆珠笔的笔油在失重状态下是不能写字的。

太空圆珠笔

　　李笔记本来打算在太空中写旅行随笔，但是小区文具店卖给他的笔却不能在太空中使用。让我们一起去物理法庭找找答案吧。

审　判　长：请被告方辩护。

吴利茫律师：说实话，我对这次的辩护没有信心，因为我还没有去过太空……

审　判　长：吴利茫律师，你现在是在辩护吗？

吴利茫律师：因为没有去过所以不知道，那么应该怎么说呀？

审　判　长：作为律师，难道你不应该先问问去过太空的人，做好辩护的准备吗？

吴利茫律师：我没有去过太空的朋友。但是就算是在太空里，好好的圆珠笔却不能用，这样像话吗？

审　判　长：哎，真是让我无话可说。下面请原告方陈述。

皮　兹　律师：同感，我真是不屑与这样的律师交谈。

太空圆珠笔

吴利茫律师：审判长，对方现在在对我进行人身攻击，我反对。

审　判　长：反对无效。在作出判决之前，请务必做好出庭的准备。请原告继续。

皮　兹　律师：请允许太空旅行专家李太空作为证人出庭。

证人戴着摩托车头盔穿着太空服出场了。

皮　兹　律师：在太空中，圆珠笔无法使用，请问，这是真的吗？

李　太　空：对，是的。

皮　兹　律师：请讲一下原因。

李　太　空：如果去太空的话，由于太空距地球的距离太远，在地球上吸引物体的力量即重力会消失。因为没有重力，所以我们在火箭中不会着地只能一直飘着。同理笔油也不会沾到纸上，所以我们就不能写字了。

皮兹律师：真神奇啊！笔油不能流出来！

李 太 空：在失重的状态下会发生很多神奇的事情。我们不可以随便地大便，因为大便不能落到地上而是飘浮在空中。

吴利茫律师：抗议。反对证人试图通过使用不雅的比喻侮辱法庭。

皮兹律师：证人只是在试图说明在失重状态下液体能否流出这一事实。

审 判 长：请原告方继续。

皮兹律师：那么在太空中是不是不能使用笔之类的文具？

李 太 空：有可以使用的文具。

皮兹律师：那么，是什么？

李 太 空：铅笔是可以使用的。

皮兹律师：为什么？

李 太 空：铅笔与圆珠笔的使用原理不一样。圆珠笔能在纸上写字主要是依靠液体状态的笔油，而铅笔则是通过铅笔芯和纸的摩擦在纸上留下痕迹。因此即

太空圆珠笔

使在失重的状态下，铅笔也是可以正常使用的。

皮兹律师：李笔记曾向文具店主人表明他需要的是在太空中也可以使用的笔。如果文具店主人知道圆珠笔在太空中不能用，他就可以劝说原告购买失重状态下还可以使用的铅笔。因此这次事件是由全笔先生不知道失重状态下所发生的物理现象而造成的，所以本方认为文具店主人应当对李笔记先生没能写旅行随笔的遗憾负全部的责任。

审 判 长：在失重的空间中，所有物体的重力都将消失，所以物体不会落到地上，这是众人皆知的事实。但文具店的主人全笔先生并没有提醒顾客使用圆珠笔必须依靠重力这一事实，所以应该对原告负责。但是鉴于李笔记先生刚从太空旅行归来，脑海中应该还留有对太空的记忆，所以作出如下判决：被告应该向原告李笔记先生提供合适的写旅行随笔的场所，并且承担李笔记先生在完成旅行随笔之前的所有支出费用。

李笔记先生在科学王国太空研究所运营的太空旅馆中完成了他的旅行随笔。文具店的主人全笔先生承担了他在太空旅馆中的所有费用。李笔记先生借助这儿的资料以及模拟太空旅行实验室，用了一周时间就写完了太空旅行的随笔。他的旅行随笔一出版就成了畅销书。

阿波罗公寓202号

在月球上也需要通向二层的楼梯吗？

科学王国正在建设一座在月球的市内城市——阿姆斯特朗市。科学王国的国民打算移民到月球去，所以准备在阿姆斯特朗建设10层高的公寓。

他们把这项工程委托给了月大建筑公司，月大建筑公司是过大建筑公司旗下的分公司，主要承担月球上的建设项目，而过大建筑公司是科学王国最大的建筑公司。

阿波罗公寓终于竣工了。很多地球移民乘着飞船来到了阿姆斯特朗的机场。

老处男高点夫先生是因为阿姆斯特朗的篮球场才决定到阿波罗公寓生活的。高点夫先生的家在二楼202号。公寓的价格是根据设施的使用情况设定的，因为一楼不需要用楼梯或者电梯，所以价格很便宜。但是高点夫先生住在二楼，所以要比一楼多支付一些钱。

初次来到月球的高点夫先生站在公寓的阳台上向外眺望。因为阿姆斯特朗到处在建设房子，所以有很多辛苦劳动的工人。

有一天晚上，高点夫先生不小心踩空了楼梯，由于阳台上没有栏杆，便摔到了一楼。但是摔到一楼的高点夫先生并没有什么特别的感觉，像是从50~60厘米的高处摔下来一般。

高点夫先生觉得很奇怪，于是他又试着从一楼跳上二楼的阳台。让他吃惊的是，他竟然可以让自己跳到二楼的阳台上去。反复试了几次之后，高点夫先生知道了住在二楼的居民并不需要上下的楼梯。高点夫先生将月大建筑公司告上了物理法庭。理由是：月大建筑公司向不需要使用楼梯的二楼居民收取楼梯使用费。

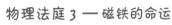

因为物体在月球上的重力只是地球的1/6，
所以无论是谁在月球上都可以跳得很高。

阿波罗公寓202号

　　高点夫先生怎样才能跳到二楼？我们一起去物理法庭看看！

审　判　长：请被告方辩护。

吴利茫律师：在地球上，普通人不使用楼梯是不能爬到二楼的。我没有去过月球，也没有想到过在月球可以出现这样的事情。或许原告高点夫先生具有普通人没有的特异跳高能力。因此我认为原告的说法是不成立的。

审　判　长：请原告方陈述。

皮　兹　律师：请专门研究月球生活的物理博士月仁生作为证人出庭。

月仁生博士坐在了证人席上。

皮　兹　律师：请问证人，您是不是在研究月球上与地球上出现的不同生活现象呢？

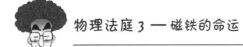

阿波罗公寓202号

月　仁　生：是的。

皮兹律师：那么，请问就像本案一样，在月球上的普通人是否可以很轻松地往返于一二层之间？

月　仁　生：这是很简单的事情，而且从二层到三层，从三层到四层，所有的楼层都可以很轻松地往返。

皮兹律师：那么，在月球上建房子时，就没有必要设置楼梯了？

月　仁　生：这是当然的。

皮兹律师：我们不是特别理解，请您详细地解释一下。

月　仁　生：这是因为物体在月球上的重力比在地球上的小。

皮兹律师：难道重力小就可以跳得更高吗？

月　仁　生：这是当然的。地球重力是吸引物体的力。因为这个力的存在，从上面落下来的物体一定会落到地上。人们跳的高度及跳的速度与地球的重力和加速度有关。跳得快时就跳得很高。但是以相同的速度跳起，在地球上跳起的高度和在月球上的跳起的高度是不同的。

皮兹律师： 在月球上可以跳得更高。月球吸引物体的力量（月球的重力）是地球重力的1/6，人们跳起的最大高度与重力是反比例的关系。因此在月球上可以跳起的高度是地球的6倍。因而在月球上可以很轻松地往返于各个楼层之间。像证人所说的那样，月球的重力比地球的重力小，因此人在月球上会比在地球上跳得更高。月大公司按照地球上的建筑设计方案在月球上建房子，造成了高点夫先生支付不必要的楼梯使用费。因此我们认为高点夫先生的主张是合情合理的。

审 判 长： 判决如下：我们承认月球重力比地球重力小，在月球上人们跳的高度是在地球上的6倍。因此应该考虑月球重

力，制订专门用于月球的建筑方案。而月大建筑公司却完全照搬地球楼房的建筑方案，因此月大建筑公司应该承担相关责任。本庭判决月大公司退还高点夫先生的楼梯使用费。

审判结束后，高点夫先生收到了月大公司的退款。政府也制订了关于在月球上施工的建筑方案。根据新的建筑方案，决定取消月球建筑上的所有楼梯。

停不了的魔鬼秋千

自己能够从月球上摇摆的秋千上下来吗？

　　科学王国阿姆斯特朗市竣工后，很多的人开始到月球上生活。马斯特隆的南面是福柯民俗村。人们在两个城市之间建设了人工隧道，想去福柯民俗村玩的话，乘坐超高速列车很快就可以到达。

　　福柯民俗村没有空气，人们必须背着氧气瓶行走。村子的公园里有一个20米高的秋千。阿姆斯特朗市的很多情侣到了福柯民俗村就去荡秋千。

　　在地球上就喜欢荡秋千的段真实小姐匆匆忙忙地结束了工作，乘坐超高速列车来到了福柯民俗村。

　　因为人很多，排在队伍最后的段真实小姐等了很长时间。就在刚轮到她的时候，秋千管理员闵秋千先生对段真实小姐说："对不起，时间到了，请您明天再来吧!"

　　"什么？为了荡秋千我已经等了很长时间了！"段真

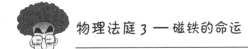

停不了的魔鬼秋千

实小姐说道。

两人就这样争论起来了。过了一会儿，闵秋千先生看了看表说："好吧，我先去办公室做事情，你就玩一会儿吧!"

段真实小姐很高兴，终于可以坐上自己梦寐以求的秋千了。她坐上秋千之后就自己用脚荡了起来。秋千渐渐地升高了。

不知不觉地就到了傍晚。公园管理员闵秋千先生以为所有的人都离开了公园，就锁上公园的门离开了。

段真实小姐痛快地玩了很长时间，她想停下来。于是便用脚用力踩秋千，试图让秋千停下来。可是一个小时……两个小时……三个小时过去了，秋千的高度一点也没有降，依然以相同的高度来回地摇荡。

段真实小姐在秋千上待了一夜，直到第二天早上才从秋千上被救了下来。

在秋千上待了一夜的段真实小姐由于过度紧张住进了医院。她以不履行秋千管理职责为由，将闵秋千先生告到了物理法庭。

停不了的魔鬼秋千

啊！秋千荡得真高呀！

呜呜，谁能让秋千停下来呀！

　　在没有空气阻力的月球上因为没有摩擦力，秋千是不会自动停下来的。

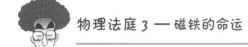

停不了的魔鬼秋千

　　段小姐在没有空气的地方待了一夜，她感到很生气。希望可以从物理法庭得到关于这件事情的合理解释。

　　审 判 长：请被告方辩护。
　　吴利茫律师：请被告闵秋千先生出庭。

　　穿着带有"福柯"标志工作服的30岁左右的男子坐在了被告席上。

　　吴利茫律师：请问被告，你是否负责管理秋千?
　　闵 秋 千：是的。
　　吴利茫律师：请详细地说说当时段真实小姐荡秋千时具体的情形。
　　闵 秋 千：因为已经到了禁止荡秋千的时间了，所以我劝说她明天再来玩。可是她根本不听，执意要进去。办公室有很多事情要做，我就回了办公室，结果段

停不了的魔鬼秋千

真实小姐就自己在那里荡起了秋千。
这就是事情的全部经过。

吴利茫律师：就像被告所说的那样，在这次事件
中，段真实小姐在管理人员不在的情
况下擅自荡秋千，因此事件的责任在
于段真实小姐而不是闵秋千先生。

审 判 长：请原告方陈述。

皮 兹 律 师：月进大学的物理学博士郑月尚曾写过
关于月球上秋千运动的论文，请郑月
尚博士作为证人出庭。

一位略带书生气的40岁左右的男人坐
在了证人席上。

皮 兹 律 师：在月球上荡秋千与在地球上荡秋千有
什么不同？

郑 月 尚：因为阿姆斯特朗市有人工空气，所以
我们在那里可以像在地球上一样正常
的呼吸和生活。但是福柯民俗村却不

停不了的魔鬼秋千

同，那里没有空气，行走时是必须背着氧气瓶的。因此在这样的地方荡秋千要非常小心。

皮兹律师：那么，应该注意些什么呢？

郑月尚：在荡秋千的时候一定要有其他人在场。

皮兹律师：理由是什么？

郑月尚：秋千之所以能够自然停止是因为有空气阻力。所以我们即使不顿脚，只是待在秋千上，在不提供其他外力的情况下，空气阻力会使秋千逐渐降低最后自然停止。所谓的空气阻力是指空气与物体摩擦产生的力。因为福柯民俗村没有空气，当然也就没有可以使秋千停止下来的空气阻力。

皮兹律师：这么说人们就不可能从秋千上下来了吗？

郑月尚：玩秋千之所以有意思，就在于从高处到低处逐渐加快的速度与从最高处到最低处势能的变化。如果在最低处从秋千上下来，此时秋千速度很快，所以比较危险；但如果在最高点时下秋千，高度太高也很危险。所以无论在什么位置往下跳都很危险。

 皮兹律师：看来一定要有其他人帮助才能停下啊!

郑　月　尚：是的。

皮兹律师：尊敬的审判长大人，在没有空气的地方，因为摇摆秋千的力量不会消失，所以它会一直以初始时的高度摆动。福柯民俗村的秋千很大，就像证人刚才所说的那样，段真实小姐自己从秋千上下来是一件很危险的事情。只有在管理人员在场的情况下，秋千才可以停止。这样看来管理员闵秋千先生没有履行自己的职责。所以我们认为秋千管理员闵秋千先生应该负全部责任。

审　判　长：月球本来就不存在空气。虽然在阿姆斯特朗市填充了特殊的空气使得人们

停不了的魔鬼秋千

可以像在地球上一样生活，但是福柯民俗村和阿姆斯特朗市不同，是没有空气的城市。地球上所有运动的物体都可以自然停止。这是由于物体的摩擦力和空气阻力可以减小物体的速度。但是在没有空气的月球上，因为没有摩擦力，物体会一直运动。作为秋千管理员应该知道这一基本的物理事实。因此判决如下：闪秋千先生赔偿段真实小姐精神上和身体上的伤害。

审判结束以后，闪秋千先生每天都去医院看望段真实小姐，不知不觉间爱情的种子竟在两人之间萌芽生长了。最后两人甜蜜地走进了婚姻的殿堂，他们的婚礼在福柯民俗村举行。婚礼仪式结束后两人一起登上了秋千。又在朋友的帮助下从秋千上下来了。两人甜蜜的生活正式开始了。

失重状态下的自由

　　看到宇航员在飞行舱里飘浮的样子了吗？为什么会飘着呢？是因为没有重力。

　　在太空中几乎感觉不到重力的存在。因此在远离地球的飞行舱内可以飘浮起来。

苹果掉到地上是因为存在着地球吸引苹果的力量。这个力量叫作苹果和地球之间的万有引力或者是地球重力。

· 失重状态下发生的神奇的事件

　　我们把没有重力的空间叫作无重力空间。现在我们一起看看在无重力空间里发生的一些神奇的事情。

　　在无重力空间是不能用杯子喝牛奶的。因为我们不能把牛奶从杯子里面倒出来。但是在无重力空间我们依然有喝牛奶的办法。这时我们不借助重力而是借助其他的力。把牛奶放到自己的嘴边，摇晃牛奶，借助这个力我们可以喝到牛奶。但是要注意，牛奶也可能会溅到其他的地方。

　　再告诉你一件神奇的事情。在无重力空间，用手拿着冰激凌，看看会发生什么神奇的事情。在地球上，融化的冰激凌会变成水珠掉到地上。但是在无重力空间，水珠是不会掉到地上的。这些水珠在冰激凌的周围聚集形成巨大的水气球。

在无重力空间，因为无法在地面上躺着，所以也就不存在"地面"这个词语了。那么，宇航员怎么睡觉呢？宇航员躺在固定在墙上的装置中休息。如果说到宇宙飞船内的床的话，那么在六面墙上都可以休息，所以可以很有效地利用宇宙飞船的空间。

SPF指数高一些好？还是低一些好？

光线的威力
利用凹面镜聚光妨碍对方球员射门，是否构成犯罪？

火辣辣的脸
只搽防晒霜，能否隔离一整天的紫外线？

黑玻璃事故
由于挡光膜玻璃而闯红灯，谁应该负责？

光线的威力

利用凹面镜聚光妨碍对方球员射门，是否构成犯罪？

科学王国和工业王国之间展开了世界杯预赛终决战。科学王国足球队的李强脚是世界著名的射门球员，因此人们都预想科学王国足球队会取得胜利。

在科学城的拱形圆顶比赛场聚集了为两个队加油助威的啦啦队。科学王国啦啦队的名字是"红色之剑"，工业王国啦啦队的名字是"技术西浦"。"红色之剑"啦啦队吸引了更多的粉丝。

裁判的哨声拉开了比赛的序幕。

科学王国的球员张大传向自己的阵营传球，这时李强脚快速地跑到对方的阵营。赵光线接到从张大传那儿传来的球后，将球朝李强脚方向踢去。李强脚超过对方后卫，与对方的守门员形成了一对一的阵势。

李强脚球技高超，与对方守门员对峙从来没有输

光线的威力

过，但这次他突然觉得很不舒服。工业王国的队员乘机截下了球。

在科学王国的队员迟疑间，工业王国队员孙技术以一个中距离射门将比分定格为1：0，科学王国领先。

中场休息时，教练调查员问李强脚："李强脚，你刚才为什么没有踢球？"

"本来是想踢球的，但是好像很耀眼的光晃到我，突然什么都看不见了。"李强脚回答道。

教练调查员感觉到场上似乎有什么问题，后半场比赛开始后他便留意工业王国的啦啦队。10分钟后，当李强脚甩掉3名后卫准备射门时，与上半场类似的情况又发生了。

教练调查员一直看着工业王国的啦啦队，观众席上有两个人正用很大的镜子聚光，且将光线对准李强脚。

教练调查员用准备好的照相机将那两个人拍了下来。比赛的结果是工业王国足球队以1：0取胜。赛后，教练调查员以工业王国啦啦队用镜子干扰李强脚射门为由，将工业王国啦啦队告上了物理法庭，并同时呈上了照片作为证据。

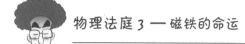

光线的威力

凹面镜具有聚光的功能，这样强度的光可以使树木燃烧起来。

光线的威力

　　工业王国的啦啦队用镜子聚光干扰对方球员李强脚射门，他们犯了什么罪？让我们带着这个疑惑，一起去物理法庭探个究竟。

　审　判　长：请被告方辩护。

　吴利茫律师：原告控告我方利用镜子聚光干扰球员
　　　　　　　射门，我们认为原告的主张没有道
　　　　　　　理。如果这个程度的光会对比赛造成
　　　　　　　影响的话，岂不是要没收所有观众的
　　　　　　　镜子？大多数女性观众的手提包里都
　　　　　　　有镜子。难道要起诉所有在比赛过程
　　　　　　　中使用镜子补妆的女性观众吗？

　审　判　长：请原告方举证。

　皮兹律师：被告看起来好像还不清楚自己使用的
　　　　　　　是什么镜子。请研究镜子方面的物理
　　　　　　　学博士吴镜子出庭作证。

　　一位身材极棒的女人，穿着露脐的短裙，坐在证人席上拿着镜子补妆。

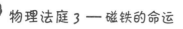

光线的威力

皮 兹 律 师：听说有很多种镜子，请具体说说到底有哪些？

吴　镜　子：根据镜子表面的形态可以将镜子分为平面镜、凹面镜和凸面镜。我们经常使用的镜子是平面镜。

皮 兹 律 师：这次案件中涉及的镜子是哪一种？

吴　镜　子：是凹面镜。

皮 兹 律 师：啦啦队使用的凹面镜是否与这次的案件有关联？

吴　镜　子：当然。镜面突出的凸面镜具有扩散光线的功能。因此不可能利用凸面镜聚光。

皮 兹 律 师：那么，凹面镜呢？

吴　镜　子：凹面镜可以将光聚集到一处，而且焦点处的光特别强，足以使木头燃烧起来。

皮 兹 律 师：那么，这个光照到人的眼睛岂不是很危险？

吴　镜　子：是的，有时甚至导致失明。

皮 兹 律 师：尊敬的审判长大人，工业王国过于关注比赛胜负，利用凹面镜聚光干扰队

光线的威力

员李强脚射门。考虑到这种行为不仅仅妨碍射球，而且还可能导致李强脚失明，我们认为工业王国啦啦队犯下了严重的罪行。

审　判　长：现在开始宣判：凹面镜具有聚光功能而且可以增强光的强度，强度大的光足以使人的眼睛失明。工业王国啦啦队利用光对李强脚实施犯罪行为，我们同意原告这一主张。所以本庭决定解散工业王国啦啦队，并且宣布这场预赛的最终胜利者是科学王国足球队。

审判结束后，工业王国啦啦队被解散。因为工业王国犯规，科学王国足球队又进入了决赛。在决赛中，凭借李强脚出色的球技，科学王国足球队荣获了冠军。

火辣辣的脸

火辣辣的脸

只搽防晒霜，能否隔离一整天的紫外线？

钱一时是物理系的大学生，他读书的学校位于科学王国南部的小城市波尔城。与其他同学相比，他的皮肤特别黑，为此他很是烦恼。但是他在那些善于护理皮肤并且聪明幽默的女同学中间却很有人气。

暑假快到了，他决定和女朋友一起去UV海水浴场玩。UV海水浴场虽然小却很漂亮，是很多年轻人游玩的首选之地。

终于盼到了游玩的日子，钱一时激动得整个晚上都没睡好。第二天一大早，他就起床打开了电视。恰巧在播报今天的天气。天气预报的播报员提醒说：今天天气闷热，紫外线强烈，建议外出时搽上防晒霜。

钱一时虽然很黑，但是为了保护自己细腻的皮肤，他还是决定去一家价格相对便宜的化妆品店买些护肤品护理

火辣辣的脸

一下自己的皮肤。

"你好，请给我看一下防晒霜。"

"先生，您今天看起来好像有什么好事呀。"

"今天和女朋友一起去海水浴场。"

"那用这个试试吧！"

钱一时拿着防晒霜回家后，就用防晒霜把自己的身体和脸都搽了一遍。他与女朋友在海水浴场玩得很高兴。第二天早上，当钱一时看到镜子里的自己时，不禁大叫了起来。因为受到强烈紫外线的照射，他的脸上到处都是伤痕。

钱一时以小区化妆品店出售不合格防晒霜为由，将化妆品店主人安化妆告到了物理法庭。

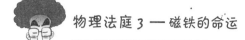

火辣辣的脸

SPF指数越低，隔离紫外线的时间就越短。

火辣辣的脸

SPF是什么意思？紫外线是什么？为什么会伤害人的皮肤？让我们一起去物理法庭找找对策吧。

审 判 长：请被告方辩护。

吴利茫律师：防晒霜可以隔离紫外线，大部分防晒霜都有这样的作用。这次事件是由于钱一时皮肤敏感造成的，并不是像原告主张的因为防晒霜没能隔离紫外线而造成皮肤损伤。因此化妆品店主人安化妆不需要对此负责。

审 判 长：请原告方陈述。

皮 兹 律 师：我们认为店主卖的防晒霜是此次事件的"凶手"。防晒霜上SPF的指数是多少？

审 判 长：SPF指数是10。

皮 兹 律 师：谢谢。为了说明什么是紫外线，我们请UV研究所的金紫外女士出庭作证。

火辣辣的脸

皮肤白皙的金紫外女士坐在了证人席上。

皮兹律师：请您简单地介绍一下紫外线。

金　紫　外：紫外线是光波的一种。光的波动可以形成各种颜色。红色的光波长较长，紫色的光波长较短。

皮兹律师：如果比紫色光的波长更短的话会怎么样？

金　紫　外：那就变成了我们肉眼看不到的紫外线了。

皮兹律师：紫外线为什么会伤害皮肤？

金　紫　外：波动的波长越短能量就越大。因此黄色光的能量比红色光的能量大，紫色光的能量比黄色光的能量大。我们眼睛可以看到的能量最大的光是紫色光。人的肉眼看不到紫外线，但它的波长比紫色光的波长短而且具有更大的能量。

火辣辣的脸

皮兹律师：能量大会伤害皮肤吗？

金 紫 外：当然了，强烈的紫外线照射皮肤的话，皮肤会被晒伤的。严重的话会形成黑斑。

皮兹律师：听起来真令人毛骨悚然。

金 紫 外：紫外线强烈时，皮肤更容易受伤，所以要更加小心保护皮肤。当天气预报提醒室外紫外线强烈时，长时间在室外的人一定要注意了。

皮兹律师：搽上防晒霜不是可以隔离紫外线吗？

金 紫 外：毋庸置疑，防晒霜是为了隔离紫外线而发明的。但是如果防晒霜一直处在紫外线的照射下，它也会慢慢失效，因此皮肤就又会暴露在紫外线下了。

皮兹律师：那是不是要定时涂抹防晒霜？

金 紫 外：这是最好的办法。可以根据皮肤在紫外线下暴露的时间使用防晒霜。防晒霜上的SPF是英文字母Sun Protecting Factor的缩写。数字1表示它可以隔离

火辣辣的脸

15分钟的紫外线。因此搽上带有数字10的防晒霜可以隔离150分钟的紫外线。但是并不是SPF指数越高越好，指数越高对皮肤的刺激也越大。

皮兹律师：钱一时需要的是可以隔离一整天紫外线的防晒霜。如果一整天在海水浴场的话，皮肤暴露在紫外线下的时间是八小时左右。安化妆卖给钱一时的防晒霜只能隔离两个半小时的紫外线。但是如果安化妆提醒钱一时每两个半小时要重新涂抹防晒霜的话也不会发生这次意外。而且安化妆也可以卖给钱一时隔离指数是35以上的防晒霜，这样涂抹一次就可以隔离8小时的紫外线。这样也可以避免这次意外的发生。因此我们认为化妆品店主人安化妆应该对此次事件负全部的责任。

审 判 长：紫外线会加速皮肤老化，也会导致黑

火辣辣的脸

痣雀斑的产生。长时间暴露在强烈的紫外线下会导致烫疮。因此出售防晒霜的化妆品店主人有义务告诉消费者产品隔离紫外线的能力。但是店主并没有向钱一时推荐合适的防晒霜，而且也没有告诉钱一时使用防晒霜应注意的事项。所以这次事件应该由化妆品店主人安化妆负责。下面进行判决：化妆品店主人安化妆承担钱一时烫疮的所有费用。

审判结束后，安化妆尽心尽力地为钱一时治疗。几个月后，钱一时变得很健康，成为更多女孩倾慕的对象。

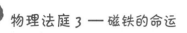
黑玻璃事故

黑玻璃事故

由于挡光膜玻璃而闯红灯，谁应该负责？

在科学王国的首都科学城里，车辆突然增加了很多，交叉路口经常发生交通事故。发生事故是由很多因素造成的，交叉路口的红绿灯变换就是其中一个，因为前后车辆挨得很近，后面的车经常与对面开过来的车发生冲撞。

科学城为了解决这一问题，决定集中管制交叉路口的红绿灯转变后继续行驶的车辆。如果被抓到就要交罚金，所以大多数驾驶员都格外地关注红绿灯。

韩小心驾驶时一直很谨慎，他严格遵守新的交通规则，在经过交叉路口时会特别留意红绿灯。他已经养成了一看见黄灯就会立即停车等待的习惯。

一天，韩小心开着小型私家车出去兜风，没想到在市政府附近的一个路口遇上了堵车，韩小心只好停车。因为

黑玻璃事故

前面停的客车比自己车的车身高很多，而且车玻璃都被贴上了黑黑的挡光膜，再加上红绿灯挂得很低，韩小心看不到红绿灯。他想紧跟着前面的车一起通过交叉路口。当前面的车刚通过交叉路口时，韩小心才看到信号灯突然变成了红色。这时韩小心才知道原来前面的车是黄灯时通过路口的。而韩小心是在黄灯亮了后通过马路的最后一辆车，便被交警处了罚金。

韩小心很生气，因为前面车的挡光膜玻璃窗挡住了他的视线，使他看不到信号灯，所以才不慎违反了交通规则，因此他将前面的客车司机告上了物理法庭。

黑玻璃事故

到你时，车辆就不能前行了！不要再狡辩了！

呃……

挡光膜是为了降低玻璃窗的透射率粘贴的膜。

挡光膜会降低我们眼睛可视光线的透射率，颜色太深的挡光膜造成了这次事故。

黑玻璃事故

挡光膜降低可视光线的透射率导致了这次事故。让我们一起去物理法庭打探一下原因吧。

审　判　长：请被告方辩护。

吴利茫律师：汽车已经成为科学王国不可缺少的出行工具，最近汽车的功能越来越多，司机在驾驶时还可以听音乐或是做其他放松的事情。这样看来，汽车可以当作我们的"第二个家"。为了保护我们"第二个家"的隐私，最好的办法是在车窗玻璃上贴挡光膜。鉴于此我们认为原告韩小心的证据不充分。

审　判　长：请原告方举证。

皮　兹　律师：请挡光膜玻璃研究所的安挡光先生出庭作证。

证人戴着太阳镜出场了。

黑玻璃事故

皮兹律师：请您先介绍一下什么是挡光膜？

安 挡 光：挡光膜是为了降低可见光的透射率而在玻璃窗上粘贴的有颜色的膜。

皮兹律师：理解起来有些难，请您再说得通俗点。

安 挡 光：首先，可见光是指我们眼睛可以看到的光线。我们可以把它简单地想成赤橙黄绿蓝靛紫这几种颜色就可以。可见光可以穿透玻璃，这叫作透射。当然理想状态时的透射率是100%，但是现实生活中我们是制造不出来这样的玻璃的。我们在日常生活中使用的玻璃的透射率一般是在90%以上。

皮兹律师：但是为什么透过玻璃可以看到车内的人呢？

安 挡 光：我们之所以可以看到物体，是因为物体的反射光线可以进入我们的眼睛。当玻璃的透射率高时，光线能以高的透射率穿过玻璃。这个光可以在车内的物体上反射，反射光线又穿过玻璃

黑玻璃事故

进入我们的眼睛，此时我们就可以看到车内的物体了。

皮兹律师：但是为什么透过挡光膜玻璃窗看不到车内的物体呢？

安 挡 光：挡光膜是为了降低玻璃窗的透射率而粘贴的膜。一般在玻璃上贴上挡光膜，透射率会降低到70%，与没有贴挡光膜的玻璃窗相比，物体就看得不太清楚。但是这个透射程度的挡光膜玻璃窗对后面的车辆不会造成影响，后面的车辆还是可以确定前面道路的拥堵状况，也可以看到红绿灯的状况。

皮兹律师：那么本案的问题出在哪里？

安 挡 光：问题是客车的挡光膜玻璃窗的颜色太深了。

皮兹律师：玻璃窗的颜色太深会产生什么不良的影响吗？

安 挡 光：玻璃窗的颜色越深就表示玻璃窗贴的

黑玻璃事故

挡光膜的透射率越低，当透射率在30%以下时，我们是看不到车内的东西的。

皮兹律师：我不是很理解为什么透射率为70%时可以看到车内的物体，透射率为30%时就看不到车内的物体了呢？

安挡光：此时物体被透射了两次。

皮兹律师：这是什么意思？

安挡光：后车的司机要透过前车玻璃两次才能看到红绿灯。30%的透射率指的是10个光粒子只有3个光粒子可以穿过玻璃窗。本来就只有30%的光线可以穿过玻璃窗，当这30%的光线再次透射时还是只有30%的光线能够穿过玻璃窗。也就是说剩下的3个光粒子只有不到一个光粒子可以穿过玻璃窗。我们的眼睛是看不到在这种透射率下穿过来的光粒子的。因此我们看不到玻璃窗那边的物体。

黑玻璃事故

皮兹律师：刚才被告说汽车被称为"第二个家"，同时汽车也是"移动的家"。如果固定住宅因为前面的高层建筑物而一整天都受不到阳光照射的话，恐怕也会产生"房屋日照权"的纠纷问题。同样，交通秩序需要公路上行驶的汽车共同维护。因此我们认为不能以保护自己车内的隐私为由就贴上透射度过低的挡光膜，这会影响其他司机对交通情况的判断，甚至会引发交通事故。

审判长：最近，随着汽车数量的增加，交通事故也不断发生。不良的驾驶习惯和对汽车不正规的改造会妨碍其他车辆的行驶，导致交通事故的发生。当然，从维护自己私生活的角度来看，我们也可以理解一些司机的举动，通过安装一些设备可以在一定程度上保护自己的隐私。但是有些设备的标准并不

黑玻璃事故

适用于汽车。像原告律师刚才所言，汽车是移动的物体，在保护车内隐私的同时，还要考虑到是否会妨碍其他车辆的驾驶。挡光膜具有保护内部隐私和防止内部温度随阳光强度的增大而升高的功能。物理法庭没有权利禁止使用挡光膜玻璃窗，但是根据物理学的原理，我们可以规定必须使用透射率为70%以上的挡光膜玻璃窗。

审判结束后，交警撤销了对韩小心的罚金，并加高了路口红绿灯的位置。依据这个案例，科学王国规定"挡光膜玻璃窗的透射率至少在70%以上"。这个法规实施后，在科学城再也没有看到带有黑黑的玻璃窗的汽车了。

"被折断了"的光线！

光从空气中斜射入水中时会被"折断"，这种现象就叫作"光的折射"。让我们一起来看看到底什么是"光的折射"现象吧。

把筷子放进水杯里试试看！露在外面的筷子和水里面的筷子看起来不在一条线上，好像折断了似的。进入水中的光线偏离了原来的路线，并与原来的光线产生夹角，这就是折射现象。

我们再来看看其他的例子。和朋友一起游过泳吧？朋友坐在水中时腿看起来是不是变短了呀？但是没必要担心，因为腿并没有真的变短。

非洲的土著居民经常用矛叉鱼，但是却经常叉不到，这是为什么呢？因为土著居民看到的鱼并不是真的鱼，而是光折射后形成的鱼的虚像。鱼的实际位置比表面上看到的位置要深一些，因此只有瞄准鱼的下方才能把鱼叉到。

明明看见了鱼可为什么不容易叉到鱼呢？
这是因为光进入水中时发生了折射现象，
让人产生了错觉。

· 神奇的海市蜃楼现象

在日常生活中，我们要特别留心光的折射现象。比如去小溪里打水仗时，不要因为能清楚地看见水中的卵石就认为水很浅。其实水中卵石的实际位置要比人们感觉的位置深得多。我们看到的只是卵石的虚像，实际上水要更深一些。

折射现象不仅仅存在于水和空气之间，当光通过不同温度的空气层时也会发生折射。神奇的海市蜃楼现象便是如此产生的。

沙漠及大海上空的热空气层与冷空气层遭遇时会发生海市蜃楼的现象。光从冷空气层到达热空气层时速度会加快，因此天空中的光线就会产生折射。大海中的蓝色的水看起来很漂亮吧？这其实也是光的折射现象。

深夜里，星星看起来一闪一闪的，这也是星光穿过不稳定的空气层时发生折射的结果。所以观测星星的天文台一般建在很高的山顶上，只有这样才能尽量排除光线折射产生的干扰。

频率不同听到的声音就不同吗？

都是火车惹的祸

在行驶的火车上能够听到演唱的高音吗？

最近，唱功极棒的 hyplaygane 组合成为科学王国青少年追捧的偶像明星组合。五个队员组成的金牌组合hyplaygane极具声名，特别是成员宝儿，他是实力派的高音歌手，音域横跨三个八度，可以将高音处理到极致，同时吉他及其他乐器的表演也是一绝。

hyplaygane正在准备一场特殊的演出。科学王国正在bigwide太平园建造火车轨道，hyplaygane想在全速行驶的火车上进行演出。

hyplaygane将这次公演交给了rail音乐企划公司。rail音乐企划公司考虑到当火车快速行驶时，观众可能听不到hyplaygane表演的声音，便决定使用大型的扩音器。

终于到了公演的日子了，hyplaygane的粉丝们一窝蜂

都是火车惹的祸

地聚集到bigwide太平园，他们的旁边便是长长的火车道。

当hyplaygane的身影出现在渐渐驶过来的火车上时，粉丝们一起欢呼起来。为了转播这次史无前例的公演，无数的新闻媒体人也都聚集过来了。

在火车上的hyplaygane向自己的粉丝们打招呼。火车开始加速前进了，虽然火车渐渐远去，但由于扩音器的作用，粉丝们仍然可以听到hyplaygane的表演声。但是与原来在室内的表演相比，他们的歌声听起来不一样了，特别是高音，听起来都不像高音了。观众们都很失望，很多媒体也相继刊载了对hyplaygane现场表演实力表示怀疑的新闻。

这次演出过后，hyplaygane的粉丝大大减少，唱片的销量也急剧下滑。hyplaygane认为是因为rail音乐企划公司的不合理方案造成了演出的失败，因此决定将rail音乐企划公司告上物理法庭。

都是火车惹的祸

之所以声音听起来不一样是因为频率不同的原因。

当频率变低时，就会产生低音。

都是火车惹的祸

如果火车远离观众的话，高音听起来就会像低音吗？快来物理法庭找找答案吧。

审　判　长：请被告方辩护。

吴利茫律师：歌曲中高音的频率非常高，而高频率的声音具有很大能量。为了能够发出高频率的声音，歌手需要不断地反复练习。但是这也与歌手平时的嗓音情况有关系，平时可以发出的高音，在嗓子不好的情况下是不容易发出来的。原告声称在移动的火车上唱歌会导致声音的频率降低，我方认为这一看法缺少物理学依据。

审　判　长：请原告方举证。

皮兹律师：请允许多普勒研究所的殷变化博士出庭作证，让他向大家解释一下为什么在高速移动的火车上声音会发生变化。

都是火车惹的祸

殷变化博士坐上了证人席。

皮兹律师：移动时发出的声音不同于静止时发出的声音，是吗？

殷 变 化：当然了。这个叫多普勒效应，我们研究所主要就是研究多普勒效应。

皮兹律师：请再详细地解释一下好吗？

殷 变 化：所谓的声音是由物体的振动产生的，它以声波的形式传播。声音听起来高低不同是因为声音的频率不同。在物理学上，如果声音振动得慢（即频率低）就会产生低音；如果声音振动得快（即频率高）就会产生高音。

皮兹律师：我们已经知道这些了，但是声音的频率会发生变化吗？

殷 变 化：发出声音的装置不同或者离听者的距离不同，声音的频率也会不同。这就是刚才说的多普勒效应。

都是火车惹的祸

皮兹律师：有哪些不同呢？

殷 变 化：远离听者时，频率会逐渐降低。原来的高音传到耳朵里就会变成低音。

皮兹律师：那么在靠近听者时，随着频率的增加，音高会变强吗？

殷 变 化：是的。

皮兹律师：原告hyplaygane组合的唱功很好。这个组合的宝儿可发出其他人发不出的高音C，因此有很高的人气。rail音乐企划公司并不清楚多普勒效应，制订了让宝儿在远离观众的火车上唱歌的不合理的方案。火车离观众越来越远，声音的频率也会逐渐降低，所以高音听起来就没有那么高了。这使hyplaygane的粉丝很失望，同时也给唱片的销量和组合的人气带来了致命的影响。因此rail音乐企划公司应当赔偿hyplaygane组合的所有损失。

审 判 长：现在开始宣判：根据多普勒效应，当

都是火车惹的祸

歌手远离观众时，hyplaygane的高音听起来会使音调降低。目前，在娱乐界经常有歌手利用机械装置处理自己不能发出的高音，在这样一个敏感的时期，进行演出的hyplaygane组合是科学王国的骄傲。 hyplaygane组合与依靠外表来赚人气的其他组合不同，他们是依靠极佳的唱功才得到认可的，rail音乐企划公司应当考虑到这一点并以此来设计演出方案，可是企划公司设计的方案却让hyplaygane的高音变低，所以企划公司应为此事负责，本庭同意原告hyplaygane的主张。火车远离观众使高音听起来变低，这就是本次事件的起因。因此判决如下：rail音乐企划公司必须通过音乐广播对本次事件进行为期一个月的解释，费用全部由rail音乐企划公司承担。

都是火车惹的祸

　　审判结束后，音乐广播公司在播放晚间新闻之前都会先播报"远离发声物体时，声音的音高会变低"这一物理学原理，同时说明hyplaygane是科学王国高音最好的组合。

辗转难眠的夜晚

隔音墙为什么不能隔离低分贝的噪声？

赛日洛特是科学王国南部沿海的一个安静的村子，除了海边传来的波浪声之外一般听不到其他噪声。

随着科学王国和社会王国之间的贸易日益增多，政府决定在赛日洛特村子的海岸上建设packageport贸易港口。但是为了把货物从packageport港口运送到首都科学城，必须建造横穿赛日洛特的高速公路。公路建造完成后，赛日洛特再也不是以前那个安静的村子了，日夜不停的噪声吵得村民都不能正常休息了。

赛日洛特村民忍受不了从公路上传来的噪声，便要求packageport港口为他们建造隔音墙。packageport港口接受了村民的建议，在村子边建造了隔音墙。但为了节省施工费用，packageport港口建造的隔音墙比一般隔音墙都要低。

隔音墙完工后,村民们头一次晚上睡了个安稳觉,他们都以为隔音墙可以完全阻隔公路上传来的噪声,都憧憬着自己的生活又可以变得像原来那样宁静了。

但是让人出乎意料的是,到了第二天,晚上听不见的噪声在白天却变得非常大,村民们都不能午睡了。

赛日洛特村民以隔音墙存在工程质量问题为由,把packageport港口告上了物理法庭。

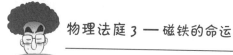

辗转难眠的夜晚

热空气移动的速度快。
所以声音在温度高的地方传播得快。

辗转难眠的夜晚

赛日洛特村民坚称隔音墙只能在晚上发挥作用，这种说法合理吗？我们一起去物理法庭找找答案吧。

审　判　长：请被告方辩护。

吴利茫律师：packageport港口按照赛日洛特村民的要求建造了隔音墙，赛日洛特村民对此也是很满意的。但是赛日洛特村民声称隔音墙只能晚上隔音而白天不能隔音，我方认为这种说法很荒唐。这让人不禁怀疑赛日洛特村民是不是故意合伙起来想谋取补偿金。

皮　兹律师：我方有异议，现在对方律师正在通过自己的假想损害赛日洛特村民的声誉。

审　判　长：同意。

吴利茫律师：对不起。但是我们完全不能理解对方坚持的隔音墙只能在晚上正常发挥作

辗转难眠的夜晚

用的说法。

审 判 长：请原告方举证。

皮 兹 律 师：这个事件与声音及温度有关系。下面
请研究声音和温度的专家殷热声博士
出庭作证。

殷热声博士坐在了证人席上。

皮 兹 律 师：请问声音在不同的温度中传播方式也
不同吗？

殷 热 声：这是当然的。声音以声波的形式传
播，它具有波动的性质、反射的性质
和折射的性质。本案与声音的折射有
关。

皮 兹 律 师：什么是声音的折射？

殷 热 声：律师，请问您是否听过"白天的话鸟
儿听，晚上的话老鼠听"这句俗语。

皮 兹 律 师：应该没有人没听过这句话！

殷 热 声：案件与这个俗语有关。

辗转难眠的夜晚

皮兹律师：我现在越来越不明白了，请简单地解释一下吧！

殷 热 声：声音通过周围空气分子的振动向四周传播。空气振动会引起人的耳膜振动，最终使人听到声音。热空气移动的速度快，所以声音在热空气里传播也快，也就是说温度高的地方声音传播的速度快。

皮兹律师：声音传播速度变快与本案有什么关系？

殷 热 声：我刚才说的是一般的情况。下面让我们一起来看看这个案件，为什么隔音墙只能晚上发挥作用。

皮兹律师：这才是问题的关键，本案需要从物理学的角度给出解释和说明。

殷 热 声：简单地说，夜晚产生的噪声是在底部发生折射的，隔音墙可以隔绝这些噪声，白天产生的噪声是在上部发生折射的，噪声可以在上部跨过隔音墙传到赛日洛特村。

皮兹律师：好神奇，为什么会这样？

殷　热　声：白天路面变热，道路周围的空气是热空气，远离公路的上方空气是冷空气。从公路上传来的噪声在热空气中会快速地传播，但是在冷空气中传播时速度却很慢。因此声音在上部发生折射。

皮兹律师：但是声音为什么在上部发生折射？

殷　热　声：举一个例子，看到过两个人一起挎着手臂走路吧？这两个人步调一致时可以走得很直。但是两个人的速度不相同的话，情况就截然不同了。假如左边的人走得慢，右边的人走得快，会怎么样呢？这两个人会向左边偏，即向走得慢的人那一边偏转。声音的情况也完全相同。声音经过上部时速度慢，经过下部时速度变快，声音会偏转到慢的一边即上部。因此在白天声音向上传播。夜晚则相反，因为上部是热空气下部是冷空气，声音会向下传播。

皮兹律师：现在终于完全明白了。尊敬的法官大人，声音是通过空气的振动而传播的。但是白天和夜晚的情况截然不同，由于冷空气层和暖空气层之间的气流不断交换，夜晚时声音在下部传播，白天时声音在上部传播。隔音墙不仅可以在晚上隔离噪声，在白天同样也应该发挥作用，但前提是隔音墙的高度必须达到白天声音在上部传播时的高度。packageport港口虽然为赛日洛特的村民建造了隔音墙，但是隔音墙只能在晚上发挥作用。因此我们要求packageport港口增加隔音墙的高度。

审判长：现在开始宣判：我们认可声音在不同温度的空气之间会发生折射这一物理学原理。也同意原告坚持的隔音墙白

辗转难眠的夜晚

天不能隔绝噪声的说法。因此判决
packageport港口增加隔音墙的高度。

审判结束后，packageport港口增加了隔音墙的高度，
赛日洛特村民终于过上了像以前一样的安静生活。

赴宴失聪记

在人的耳朵边放爆竹是否构成犯罪？

权少女小姐是将近三十岁的老姑娘。她与其他五个朋友一起创立了"老姑娘"社团。但是其中一位南宛雅小姐突然要退社了。因为南宛雅小姐要结婚了。她邀请权少女和"老姑娘"社团的其他朋友参加她的婚礼。

虽然权少女小姐不是很乐意帮忙，但是毕竟是多年的好朋友，所以她还是决定帮助南宛雅小姐准备婚礼。她负责在新郎新娘退场时拍照片。

南宛雅小姐的婚礼终于开始了。冗长的证婚词结束后，在钢琴的伴奏声中新郎和新娘开始退场了。权少女小姐挤进人流中，站在靠近新郎新娘的位置，将相机焦距调好准备拍照。

就在这时，"啪"的一声，爆竹响了起来。南爆海先生竟然在权少女小姐的身后放了爆竹，而且爆竹就在权少

赴宴失聪记

女小姐的右耳边爆破了。

　　因为爆竹声很突然，权少女小姐吓得昏了过去。被吓昏了的权少女小姐住进了医院，被诊断为右耳鼓膜破裂并且失聪。

　　权少女小姐认为自己的右耳失聪是那个在自己耳边响起的爆竹造成的，于是她把南窕雅小姐及她的家人南爆海先生告上了物理法庭。

赴宴失聪记

　　空气的振动频率不同，我们听到的声音也不同。

　　当有强大的压力压迫鼓膜时，压力会导致鼓膜受损。

赴宴失聪记

在耳边放爆竹，鼓膜会受损吗？去物理法庭看看吧。

审　判　长：请被告方辩护。

吴利茫律师：新人离开婚礼现场时，亲友放爆竹是常有的事情。不只是在婚礼上，在生日宴会上也经常放爆竹来庆祝。因此我们认为南爆海先生在新人退场时放爆竹的行为并没有构成犯罪。权少女小姐是由于自身原因对爆竹强烈的反应导致了这次事故，南爆海先生无需对此负责。

审　判　长：请原告方举证。

皮　兹　律师：爆竹声音研究所是研究爆竹危害性的机构，下面请其所长彭声音出庭作证。

彭声音走向证人席时，突然点燃了爆竹。审判长吓得赶紧捂上了耳朵。

赴宴失聪记

审　判　长：证人，你现在是在做什么？

彭　声　音：在开始做证词前，想让审判长大人亲自体验一下突然听到爆竹的感受……

审　判　长：请证人以后不要再做这样荒唐的事情了。

彭　声　音：知道了。

审　判　长：请原告律师询问。

皮兹律师：请问证人，你是否在从事有关爆竹声音的研究？

彭　声　音：是的。

皮兹律师：爆竹突然在耳朵边响起是否会造成耳聋？

彭　声　音：可能性虽然很小，但是也不是没有可能的。

皮兹律师：为什么？

彭　声　音：声音是以声波的形式，通过固体、液体或气体等介质传播。

皮兹律师：什么是介质？

彭　声　音：波动是指在某个地方产生的振动向周

赴宴失聪记

围扩散的现象。波动借以传播的物质叫作这些波动的介质。向湖水中扔石头会产生波动，这是水波的振动向周围传播的现象，这个波动的介质是水。同样，如果某个空气分子振动的话，它的振动就会以空气为介质向周围传播，这就是声音。

皮兹律师：怎么才能听到声音呢？

彭　声　音：声音不同于其他的波动，空气分子振动的方向与声音传播的方向是一致的。这种波动叫作纵波。当某个地方的空气向其他方向传播时，这个地方的空气分子的数量会发生周期性的变化，空气密度也会随之变化，这种周期性的变化会引起耳内的鼓膜振动，通过耳朵内部聚集的神经，我们就可以听到声音了。

皮兹律师：一般情况下，爆竹声音会给耳朵带来什么特殊的影响呢？

赴宴失聪记

彭　声　音：当鼓膜周围的空气分子多的时候，空气分子施加给鼓膜的力量变大，鼓膜会收缩。当空气分子少的时候，空气分子施加给鼓膜的力量变小，鼓膜会重新展开。鼓膜根据周围空气密度的变化进行收缩和舒张，我们就是这样听到声音的。但是如果有过强的力量压迫鼓膜，鼓膜就不能恢复到原来的形状，这与用过大的力量拉扯弹簧，弹簧不能恢复到原来状态的原理一样。这样就会导致鼓膜破裂。

皮兹律师：鼓膜破裂的话就听不到声音了。

彭　声　音：是的。在爆竹爆炸的时候，如果离爆炸源特别近，快速振动的空气很有可能导致鼓膜破裂。

皮兹律师：一些庆祝活动确实需要燃放爆竹来增加喜庆的气氛，但是在燃放爆竹时应该提醒周围的人保持一定的距离。如果爆竹在离人群较远的地方爆破，空

赴宴失聪记

气的振动传到人群时会变弱，鼓膜会根据空气密度的变化进行自我调节，人们就可以承受这种振动了。但是南爆海先生在权少女小姐完全不知情的情况下点燃了爆竹，而且爆竹就在权少女小姐的耳边爆炸了，所以我们判定是南爆海先生直接导致了权少女小姐鼓膜的破裂。南爆海先生应该赔偿权少女小姐的所有损失。

审 判 长：现在进行宣判：我们无权禁止在婚礼上燃放爆竹，但绝不能允许过大的爆竹声使人耳朵受损这种事件的发生。因为爆竹爆炸时会引起周围的空气瞬间快速振动，这种振动也会快速地向周围传播，所以本庭规定在燃放炮竹时，燃放者和其他人必须间隔2米以上的距离。如果违反了该规定，就按伤害他人鼓膜为由，判处听一星期的重金属摇滚乐。

赴宴失聪记

　　审判结束后，人们在燃放爆竹时都会先测量燃放地点与在场人的距离。爆竹国知道这个事情后在制造爆竹时尽量减小爆竹的声音，而且还推出了可以喷出漂亮焰火的烟花。

唧唧咕咕的声音

当我们鼓掌的时候，周围的空气会振动。这与向河里扔石头后水会波动的道理是一样的。由一个地方向四周传播的振动叫作波动。声音是通过空气的振动向周围传播的，传到人耳朵里就会引起鼓膜的振动。

振幅和频率可以决定波动的大小。振幅即上下波动的幅度，振幅大的话，波动也大。

那么什么是声音的振幅呢？声音的振幅即声音的大小。所以声音大可以说成声音的振幅大。

用什么单位表示声音的大小？我们通常用分贝（dB）表示声音的大小。上课期间，饼干从课桌掉到地上发出的声音大约是10分贝，人的耳朵几乎听不到这个分贝的声音。我们和朋友聊天的声音大约是60分贝，老师在讲课的时候是可以听到这个分贝的声音的。

老师生气了，大声地叫道："谁？"这

声音以声波的形式传播。
声音使周围的空气振动。

时的声音大约是90分贝。

学校的上空有飞机经过时，飞机的声音大约是130分贝。这种分贝的声音，我们不叫声音而叫噪声。

现在我们知道了什么是声音的频率。声音的频率和声音的高低有关。频率大，就可以发出高音。

在KTV唱歌时，有些高音之所以唱不出来是因为我们发不出这样频率的声音。所以歌手发出声音的频率要比普通人发出声音的频率大。

但是人耳并不是可以听到所有分贝的声音。声音分贝过大的话，我们是听不到的，这时候的声音叫作超声波。

切断电磁铁上的电流会怎么样？

磁铁的命运

将磁铁分开的话，磁力会减弱吗？

姜磁石先生是马格奈市的磁铁代理商。一天，他突然想去国外旅行。于是他将自己的部分磁铁委托给了朋友戴保管代管。

戴保管先生是位爱情剧作家，对于磁铁他几乎是一无所知。他将姜磁石先生委托代为保管的磁铁放在了一个空房间里。姜磁石先生在交托磁铁前整理过这些磁铁，他在马蹄形磁铁上贴上了铁纸，将圆形的磁铁包装成了塔的形状，并将其全部捆在了一起。

戴保管先生对姜磁石先生委托他保管的磁铁非常好奇，于是就进了空房间，把马蹄形磁铁上的铁纸都揭了下来，把捆在一起的10个圆形磁铁也都拆开了，所有的磁铁都散在地上。

一直都自己生活的戴保管先生染上了严重的风寒，恰

磁铁的命运

巧是严冬，他把暖气开得很热。房间的温度渐渐升高，磁铁的温度也升高了。

　　一个月后，姜磁石先生回来了。戴保管先生将之前代为保管的磁铁全部还给了姜磁石先生，旅行回来的姜磁石先生决定在中学校门前面的文具店销售这些磁铁。但是没想到这些磁铁的磁性都变弱了，姜磁石先生因此蒙受了很大损失。他认为是戴保管先生没有好好保管磁铁才导致磁铁的磁性减弱的，于是就把戴保管先生告上了物理法庭。

磁铁的命运

磁铁不耐热，温度上升后磁性减弱。

磁铁的命运

　　戴保管先生将姜磁石先生封好的10块磁铁全部都拆开了。那么磁铁的"命运"发生改变了吗？快来物理法庭看看。

审　判　长：请被告方辩护。

吴利茫律师：在空气中放置很久的干电池会放电不良，在空气中放置很久的热水会变凉，在空气中放置很久的碳酸饮料会漏气，这些都是物理学原理。

审　判　长：吴利茫律师，这些与本案有什么关系？

吴利茫律师：我的意思是长期放置在空气中的磁铁的磁性会减弱，这也是基本的物理原理。因此我们认为戴保管先生不需要对磁铁磁性变弱事件负责。

审　判　长：请原告方举证。

皮兹律师：吴利茫律师是怎样成为物理法庭的律师的呢？我深表怀疑。

磁铁的命运

审 判 长：事实上，我也觉得相当奇怪。

皮 兹 律 师：作为科学王国的国民，我们从小就学习过很多关于磁铁的物理知识。请专门研究磁铁保护方法的马格奈研究所研究员林马可先生出庭作证。

林马可先生坐到了证人席上。

皮 兹 律 师：请问证人从事什么工作？

林 马 可：我主要研究保管磁铁的方法。

皮 兹 律 师：请问证人是否清楚本案？

林 马 可：在来法庭之前了解了一些情况。

皮 兹 律 师：我们想听听证人对本案的看法。

林 马 可：我认为这次事故的主要责任人是戴保管先生。

皮 兹 律 师：请具体地说明一下戴保管先生失误的地方。

林 马 可：姜磁石先生在委托戴保管先生保管磁铁时，磁铁是包起来的。

磁铁的命运

皮兹律师：是的。

林马可：这是保持磁铁磁性的很好的方法。

皮兹律师：这是什么意思？

林马可：磁铁长期放置在空气中的话，磁性就会变弱，将圆形磁铁不同的磁极放在一起，或者用铁纸包上马蹄形磁铁的两端，这些办法都可以保持磁铁的磁性。而且磁铁不耐热，温度上升后磁性就会减弱。

皮兹律师：看起来，这是个简单的案子。尊敬的审判长大人，姜磁石先生在将磁铁委托给戴保管先生保管时，是将不同磁极的圆形磁铁捆绑在一起的，马蹄形磁铁的磁极是用铁纸包上的。这是很好的保持磁性的方法。但是戴保管先生却将圆形磁铁都拆开了，把马蹄形磁铁的铁纸都揭了下来。同时他也不考虑磁铁不耐热的性质，把暖气打开，室内温度升高，最终导致磁铁的

磁铁的命运

磁性减弱。因为戴保管先生不了解磁铁的保护方法，自己随意拆开包装好的磁铁，使姜磁石先生的磁铁失去了磁性，所以我们认为戴保管先生应该对姜磁石的损失负责。

审 判 长：现在开始判决：我们都是科学王国的国民，在中学就学习过磁铁的保存方法，而且磁铁在我们国家发挥着很大的作用。因为戴保管先生自己不清楚保存磁铁的方法导致磁铁磁性减弱，所以戴保管先生应该对此次事故负责。判决如下：戴保管先生赔偿姜磁石先生的全部损失。

磁铁的命运

　　审判结束以后，姜磁石先生又新进了一批磁铁，继续经营自己的磁铁代理店。虽然两个人的友谊因为这次事件出现了裂痕，但是戴保管先生尽全力帮助姜磁石先生，他通过麦娄电视台的广播宣传姜磁石先生的磁铁，希望通过自己的帮助恢复朋友的生意。戴保管先生自己也很努力，根据他的剧本拍摄的电视剧也在全国火了起来。两个人冰释前嫌，又成为了好朋友。

变身为凶器

切断电磁铁上的电流会怎么样？

最近，李爱磁先生从科学王国最大的磁铁公司那可努皮哈股份公司退休了。他打算利用退休金经营一家小型西餐厅。装修餐厅时，李爱磁先生亲自出马，他独特的室内装修设计使西餐厅颇具特色。

西餐厅的天花板是用特殊的磁铁做成的，有电流通过时就会产生磁性，无电流时磁性就会消失。他在自己建造的天花板上贴上了铁片。

各种形状的铁片在灯光的照射下一闪一闪的，看起来很时尚。

李爱磁先生独特的创意使得他的餐厅在开业第一天就吸引了很多的顾客。他发现经营餐厅赚到的钱比在大企业上班要多得多。

午饭时间，一对情侣来到了餐厅，他们要了两杯咖

变身为凶器

啡。李爱磁先生为了给这对情侣营造一些气氛就打开了激光束。各种颜色的激光束照射着天花板上的铁片，非常漂亮。这对情侣也陶醉在这美景中。

但是突然四周一下全部变黑了，那对情侣也大叫了一声。过了一会灯又亮了，李爱磁先生发现刚才停电时铁片从天花板上落了下来，正巧砸到这对情侣的头上，竟然把他们砸晕了。这对情侣头部受了伤，两人把李爱磁先生告到了物理法庭。

变身为凶器

电磁铁不通电时磁性会消失。

变身为凶器

切断电源时，电磁铁没有磁性。不知道这个物理常识的李爱磁先生是否应该承担责任呢？让我们一起去物理法庭看看。

审　判　长：请被告方辩护。

吴利茫律师：用电磁铁建造天花板，用铁片作为装饰物，这些行为都构不成犯罪。大部分的顾客都是被这一点吸引才来这家餐厅的。我们也没有预料到突然停电会导致铁片掉下来，这应该是电力公司的责任而不是李爱磁先生的责任。

审　判　长：请原告方举证。

皮　兹　律　师：请电磁铁公司的研究员赵电磁先生出庭作证。

赵电磁先生坐到了证人席上。

皮　兹　律　师：请证人介绍一下自己的职业。

变身为凶器

赵　电　磁：电磁铁研究员。

皮兹律师：请问什么是电磁铁？

赵　电　磁：磁铁可以分为两种。小孩子拿着玩的永久性磁铁和只有通电才具有磁性的电磁铁。

皮兹律师：这么说来，永久性磁铁永远具有磁性，电磁铁只有通电时才有磁性。

赵　电　磁：是的。

皮兹律师：那么，这个案件的原因是什么？

赵　电　磁：电磁铁不通电时是没有磁性的。西餐厅的天花板只有通电时才有磁性，才能吸附铁片。永久性磁铁的磁性是固定的。电磁铁的磁性与电流的强度成正比。电流强时磁性强，电流弱时磁性弱。没有电流的时候，它只是装饰而已。建筑物内部的电流很不稳定，电流有时候强有时候弱。因此西餐厅的天花板有时磁性强，有时磁性弱。没有电流时磁性就会完全消失，这时

变身为凶器

是非常危险的，就像本案一样，停电后，天花板的磁性完全消失，就不能再吸附铁片，铁片就会掉下来。

皮兹律师：我们无法预知家庭或餐厅什么时候停电。当用电量大时电流量就会减小；交通事故或者是闪电都可能导致停电。停电时，吸附在天花板上的铁片会掉下来砸到下面的客人，这种事是瞬间发生的，根本无法阻止。李爱磁先生将天花板设计成电磁铁来吸引顾客，却没有考虑到电磁铁可能会引发大型事故，导致客人受伤，所以我们认为李爱磁先生应该承担所有责任。

审判长：在目前经济不景气的情况下，科学王国的很多商家都利用独特的室内设计来吸引顾客。这种做法虽然是值得肯定和理解的，但最重要的还是要考虑到顾客的安全。就像本案，虽然室内设计得很别致，但是一旦停电，漂

变身为凶器

亮的铁片就变成了威胁客人安全的凶器。因此判决如下：李爱磁先生必须撤掉所有的用电磁铁制成的装饰物，并支付受伤客人的医疗费用和精神损失费。

审判结束后，李爱磁先生撤掉了原来的天花板，把电磁铁装在了地板上，并把铁制的装饰物放在桌子旁边，电流在装饰物内流动时，产生的磁力可以很好地起到支撑作用，而且断电时装饰物也不会掉到地上，不用再担心客人受伤了。

手机背后的秘密

手机上的磁铁会导致银行卡不能正常使用吗？

最近科学王国的交通事故频繁发生，其中很大一部分是由司机一边驾驶车辆一边打电话造成的。交通局为了阻止这种行为的发生，决定处罚一边开车一边打电话的司机。鉴于驾驶车辆时禁止使用手机通话这一条例，有公司开发了不用手拿着手机就可以进行接打的通话装置。这就是卢汉德公司开发的卢汉德装置。

使用卢汉德装置后，不用拿着手机就能轻松接听电话，将铁制的支架安装在车内，支架可以吸附带有磁性的手机，再用线连接就可以方便地通话了。

下车时只需将手机从卢汉德装置上拿下来即可。这个产品销售得很好，人们利用这个装置以后，打电话比之前安全多了。

韩企业先生经营了一家小型公司，因为资金不足，经

手机背后的秘密

常面临还不上银行的贷款而被银行退票的危险。韩企业先生几乎每天都在收账，在银行业务结束之后，通过自动存取款机将钱存入银行。

韩企业先生一般是通过手机和客户联系，银行贷款也是通过手机进行的，所以他的生活是离不开手机的。

一天，韩企业先生通过无线电广播得知了卢汉德这款方便接听电话的装置，赶紧购买了这个产品。因为有了这个装置，韩企业先生可以比较放心地在驾驶时接打电话了。卢汉德装置的使用说明书只有一页纸，没有什么特别需要注意的事项。

装上卢汉德没多久，银行就来电话了。零点之前不向银行存入5万元的话将会被银行退票。韩企业先生急急忙忙地开始收账了。

晚上11点半的时候，他终于收齐了5万元。韩企业先生匆忙地奔向附近的自动存取款机。他将银行卡放到自动存取款机时，存取款机显示的是不能识别银行卡的提示，而且包内所有的银行卡都是这样的情况。但是他的提包内只有香烟、打火机和手机。

由于零点前没能将钱存入银行，第二天韩企业先生就接到了银行的退票。得知是附着在手机后面的磁铁导致自己的银行卡不能正常使用后，韩企业先生一怒之下将卢汉德公司告到了物理法庭。

手机背后的秘密

银行卡的磁卡是带有磁性记录的。

手机背后的秘密

银行卡不能正常使用是因为磁铁吗？到物理法庭上找找答案。

审　判　长：请被告方辩护。

吴利茫律师：卢汉德装置使得人们在驾驶时也可以接听电话，这为很多司机提供了方便。利用磁铁的磁力将手机固定在快速行驶的汽车上，这种做法也很好。为了说明这种手机的优点，请家庭主妇郝内助出庭作证。

一个五十岁左右的女人穿着宽松的牛仔裤，坐到了证人席上。

吴利茫律师：请问证人是否在使用卢汉德装置？

郝　内　助：是的，我对这款装置很满意。

吴利茫律师：它有哪些优点？

郝　内　助：在没有使用卢汉德之前，开车接打电话很不方便，因为必须一只手握着方

手机背后的秘密

向盘，一只手拿着电话。这样做就不能集中精神开车，很容易发生交通事故。自从用了卢汉德之后，开车时接打电话就方便了很多。

吴利茫律师：还有其他的优点吗？

郝　内　助：当然有。手机背面有强力的磁铁，因此可以吸附在有铁片的居家用品上。我在洗碗或者做饭时可以把手机随手放在冰箱上。如果有电话打过来就可以立刻接到电话。

吴利茫律师：就像证人郝内助所说的那样，卢汉德装置的出现给我们的生活带来了很多方便。司机在开车时也可以安心地通话，减少了交通事故的发生；家庭主妇做家务时可以把手机放在冰箱上，能随时接听电话。附着在手机上的磁铁给我们的生活带来很多方便，会导致银行卡磁卡毁坏这一说法实在站不住脚，因此卢汉德公司无需对此负责。

手机背后的秘密

审 判 长：请原告方陈述。

皮 兹 律 师：事实真的像被告说的那样吗？为了弄清楚手机上附着的磁铁和银行卡磁条的关系，请磁铁研究所的所长林可马博士出庭作证。

林可马博士坐在了证人席上。

皮 兹 律 师：我想问一下要点。附着在手机上的磁铁会损坏银行卡的磁条吗？

林 可 马：可能会。

皮 兹 律 师：请具体说明一下理由。

林 可 马：磁铁的周围存在磁场。磁场会影响其他磁铁的方向。

皮 兹 律 师：这是什么意思？

林 可 马：我现场展示给大家看一下。

林可马博士拿出了两根铁钉，他试图让这两根铁钉相互吸附，但是没能成功。

手机背后的秘密

林 可 马：这两根铁钉之间没有磁力，所以不能相互吸附。我们来看一下这个实验。

林可马博士拿着一根条形磁铁沿同一方向反复地摩擦其中的一根铁钉。接着他拿着没被摩擦的铁钉靠近刚才被摩擦的铁钉。令人吃惊的是，这两根铁钉竟然吸附在一起了。

林 可 马：反复摩擦铁钉后，铁钉就会产生磁性。这是最简单的产生磁性的方法。依靠铁钉的磁性可以吸附另一个无磁性的铁钉。

皮兹律师：这个实验与磁条的损坏有什么关系？

林 可 马：用磁铁摩擦普通的铁钉时，磁铁周围存在的磁场会使铁钉也带有磁性。使原来无磁性的铁带有磁性的过程叫作磁化。银行卡的磁条是磁性记录装置，是由很多个小磁条组成的，每个小磁条都有各自的方向，所以磁条整体不会呈现出磁性。磁条存储的信息

手机背后的秘密

可以通过各个方向表示出来。将磁卡放进自动存取款机后，通过处理内部磁条的方向，可以获取内部的个人信息。但是附近如果有强烈的磁场存在的话，会使得磁条内部小磁条的方向变得一致。最终会消除磁条内部的所有的信息。这样就会导致自动存取款机不能识别银行卡内的信息。

皮兹律师：原来是这个原理呀！最近为方便取钱，人们不再使用存折，而是直接使用银行卡。本案中，手机和银行卡一起放在了包里，附着在手机背面的强磁铁产生了很强的磁场，这种磁场使银行卡内部的小磁条磁场的方向变得统一，从而导致了银行卡磁条的损坏。手机上的磁铁会影响其他的用品，但卢汉德公司没有通过说明书提醒使用者要注意这一点，所以卢汉德公司应该对韩企业先生遭到银行退票这一事件负责。

手机背后的秘密

审　判　长：现在我们随身携带的各种卡里面基本上都有磁条，磁铁的磁场会给磁条带来影响或导致录像带损坏。就像微波炉的说明书上注明微波炉的内部不能放入金属一样，卢汉德装置的说明书上也应该有类似的提醒：附着磁铁的手机不能长时间和银行卡或录像带放在一起，否则可能会导致银行卡和磁带内部磁条的损坏。但是原告律师提供的证据表明卢汉德装置说明书上并没有这样的提示。所以卢汉德公司应该承担韩企业先生的物质损失。

　　审判结束后，卢汉德公司暂停营业，通过努力开发出了不利用磁铁也可以在车内自由通话的新产品。

地球上的磁铁

　　磁铁随处可见，我们用磁铁将瓶盖起子吸附在冰箱上；在留便条的时候也会用到磁铁。磁铁可以吸附铁片，这是因为磁铁依靠磁力使铁片变成了小磁铁。像这样依靠磁铁的磁性使铁片也带有磁性的过程叫作磁化。

　　让我们一起来认识一下与磁铁关系最为紧密的罗盘。我们在辨别方向的时候经常用到罗盘。但是罗盘为什么总是指向北方。这是因为地球内部存在巨大的磁场。地球的内部是由铁和镍组成的，这恰巧是构成磁铁的材料。地球内部磁铁N极指向南方，S极指向北方。

　　我们可以利用旋转的磁铁找到北方，这个旋转的磁铁就是罗盘。磁盘的N极总是指向地球的S极，因此N极永远指向北方。

　　地球内部磁铁的南北极与地球的南北极并不重合，有微小的倾斜。即地球内部S极的位置偏离北极点一定角度。

为什么可以利用罗盘辨别方向？
因为地球就是一个巨大的磁场。

不断变换的磁极

地球内部的磁铁并不是静止的，而是不断地旋转的。自地球出现以来，磁铁的S极的方向已经变换了300次了。

英国医生吉尔伯特首先发现了地球是一个巨大的磁场。他发现旋转的磁针总是指向北方，所以他将磁针的这一极叫作N极，而N极总是吸引S极，所以他将地球的北方叫作地球内部磁铁的S极。

· 候鸟怎么找到北方？

候鸟怎么分辨北方和南方？候鸟不会拿着罗盘寻找方向吧！因为候鸟的头部有个小磁铁，而这个小磁铁可以发挥罗盘的作用。候鸟用这个特殊的"罗盘"辨别南北寻找方向。

我们也有方法让候鸟迷路。在候鸟的头部放上强磁铁的话，候鸟会失去方向感，就不能正确地找到北方，所以就迷路了。科学家也是利用这个方法发现候鸟的头部有磁铁的。

半身镜可以照出全身吗？

炒鸡蛋炒出的眼泪
被长把手的炒勺烫伤，谁应该对被害者负责？
半身镜
半身镜可以照出全身吗？
用铁筷子吃凉粉
用滑滑的铁筷子吃凉粉很费力，谁应该对此负责？

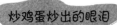

炒鸡蛋炒出的眼泪

被长把手的炒勺烫伤，谁应该对被害者负责？

吴性急是单身的工薪族。他非常喜欢睡懒觉，早晨总是起得很晚，只能匆匆忙忙地简单吃点饭，所以他的早饭经常是煎鸡蛋和烤面包。

吴性急最近新买了一个炒勺，这个炒勺的把手与以前的相比长一些。害怕煤气火焰的吴性急对这个炒勺特别满意，因为他可以轻松地避开煤气灶的火焰。

一天早上，吴性急睡过了头，看到时间后他吓了一跳，匆匆忙忙地起床，煎鸡蛋，穿西装。恰巧电话响了，是公司的经理打过来的。

"吴性急，会议马上就开始了，你怎么还没到呀？"

"我现在在出租车上，路上堵车堵得很厉害。"

"快点过来，需要你讲解昨天提交的材料。"

"是，我尽快赶到。"

吴性急挂了电话正想出门，突然想起了煤气灶上还煎着鸡蛋，他急忙来到厨房，看到鸡蛋已经煎糊了，呼呼地冒着黑烟。吴性急赶紧握住把手想把炒勺端下来，但是因为把手太长，不幸握到了铁上，吴性急的手里也开始冒烟了，他的手被烫伤了，疼得他直流眼泪。

吴性急认为这次事故是由于炒勺的把手太长，铁的部分和把手部分很难区分开造成的，于是他把炒勺制造公司龙锅股份公司告到了物理法庭。

炒鸡蛋炒出的眼泪

　　像铁这样的金属比热很小，吸收到一点热量就会立刻变热。

　　木头和塑料的比热很大，即使吸收到热量也不会很快变热。

炒鸡蛋炒出的眼泪

　　如果因为炒勺的把手太长，使用者触到了把手有铁的部分导致烫伤，谁应该对被害者负责？让我们一起去物理法庭找找答案吧。

审　判　长：请被告方辩护。

吴利茫律师：这个案件与物理学没有任何的关系。吴性急是因为自己不小心握到了把手有铁的部分才导致自己受伤的。龙锅股份公司不需要对此负任何的责任。

审　判　长：请原告方陈述。

皮　兹　律　师：请龙锅股份公司炒勺设计人龙低雅出庭作证。

　　一位个头有两米多的30岁出头的男子坐在了证人席上。

皮　兹　律　师：请问证人，本案中的长把手炒勺是您设计的吗？

龙　低　雅：是的。

炒鸡蛋炒出的眼泪

皮兹律师：为什么将炒勺的把手设计得这么长呢？

龙 低 雅：最近单身的职场人越来越多，为了方便这些人在早饭时间可以一边做饭一边做其他事，我们特意将把手设计成长款。

皮兹律师：此锅的锅底是用什么材质做成的？

龙 低 雅：当然是用易于导热的铁做成的。

皮兹律师：把手部分呢？

龙 低 雅：当然是使用不利于导热的白氏塑料制成的。

皮兹律师：那么摸这个部分的话是不会感觉到热的，对吗？

龙 低 雅：当然。

皮兹律师：下面请热传导研究所的张受热博士出庭作证。

脸上有很多皱纹看起来快60岁的一位男士坐在了证人席上。

皮兹律师：请问证人是做什么工作的？

炒鸡蛋炒出的眼泪

张　受　热：我是研究热量传导的。

皮兹律师：请简单地介绍一下热量的传导。

张　受　热：热量主要是由温度高的地方向温度低的地方移动。热量的移动方式主要有传导、对流、辐射三种。太阳的热量传送到地球，就是通过热量的辐射。虽然地球和太阳之间不存在任何的物质，但是热量作为能量可以传播到地球上。对流的过程类似于房间变热的过程，上升的热空气遇到冷的天花板后温度会降低，变成冷空气下降到地上，到达地面后空气变热再次上升，通过这样的空气循环，热量就可以在整个房间里传播。热量对流主要发生在气体和液体中。

皮兹律师：那么，传导是以什么样的形式传播热量的呢？

张　受　热：传导主要通过固体传播热量。手摸到热的石头时是不是感到烫呀？这是因

炒鸡蛋炒出的眼泪

为石头上的热量传播到了人的手上。

皮兹律师：在吸收相同的热量后，为什么有的物体变热有的物体不变热？

张 受 热：这是因为物体的导热能力不同。物质传导热量的能力就是物质的比热。比热小的物质吸收热量后更容易变热。像铁这样比热小的金属，吸收一点热量也易变热；木头或塑料的比热大，吸收很多的热量也不易变热。

皮兹律师：如果这样的话，本案涉及的把手如果是用不导热的材质制成的话，不论抓住把手的哪一部分都不会被烫伤了。

张 受 热：如果把手的整体都是用不易导热的材质制成的话，受害者就不会被烫伤了。但是本案中的炒勺把手有50厘米长，其中用不导热的白氏塑料做成的部分只有35厘米。

皮兹律师：终于知道这次事故的原因了。谢谢。证人及尊敬的审判长大人，如果龙锅

炒鸡蛋炒出的眼泪

股份公司把50厘米长的把手全用传导率低的白氏塑料制作的话，吴性急就不会握到带铁的部分了。但是50厘米的把手仅有35厘米是用传导率低的材质做成的，剩下的15厘米是用传导率高的铁做成的，所以突然握把手时很有可能握到带铁的部分。龙锅股份公司没有全部用传导率低的材质制造把手，所以龙锅股份公司应该对吴性急的烫伤负责。

审　判　长：现在开始宣判：炒勺是厨房中不可缺少的用具。制造炒勺时应该区分锅底和把手。因为在做饭时锅底的温度要高。但是把手必须保持低温，把手部分应该用传导率低的材质制造。但是本案中炒勺的把手并不是全用传导率低的材质做成的，还有一部分是铁质的，热量通过铁传导到吴性急的手上，才导致这次

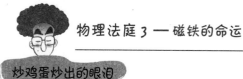
炒鸡蛋炒出的眼泪

案件的发生，因此本庭认为龙锅股份公司应该对吴性急的受伤负责。

审判结束后，龙锅股份公司把长将手的炒勺全部收回，并将把手部分全部改换成了白氏塑料，并且赔偿了吴性急在物质上和精神上的损失。

半身镜

半身镜可以照出全身吗？

　　最近科学王国的就业情况越来越糟，很多年轻人都找不到工作。虽然甄杳嵓先生在大学毕业前就开始准备就业，但是到现在还没有找到工作。

　　甄杳嵓先生平时很节俭，他也不注意个人卫生和穿戴。在找工作时，甄杳嵓先生一般都能通过笔试，但不修边幅的穿戴和脏兮兮的外表经常使他在面试中落选。

　　甄杳嵓先生请教了时尚外貌专家。

　　从那以后，他开始注意自己的外在形象了。

　　甄杳嵓先生为了出门前检查一下自己的仪表，决定买一面可以照到全身的镜子。于是他去了小区的镜子店。

　　"我想买一面可以照到我全身的镜子。"

　　"身高多少？"

　　"180厘米。"

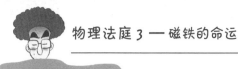

"买一个180厘米的镜子就可以了。"

就这样，甄否啬先生买了一面和自己身高一样高的镜子。他每天出门的时候都照一照镜子，检查一下自己的服装。

但是有一天，去朋友家玩的时候，他发现朋友家90厘米的镜子竟然可以完全照出自己的全身。吃惊的他将自己的身高和镜子比了比，但是90厘米高的镜子还是可以完全看到自己。

甄否啬先生认为镜子店的老板欺骗了他，于是将镜子店老板告上了物理法庭。

半身镜

这是全身镜,为什么不能看到整个身体呢?

人眼睛看到的光线是镜子中间部分反射的光线。

半身镜

多高的镜子可以照出全身？到物理法庭上找找答案吧。

审 判 长：请被告方辩护。

吴利茫律师：镜子可以通过光的反射照出人的身
体。光有沿直线传播的性质，人的
身体首先透射到镜子里，镜子反射的
光线进入人的眼睛里，这样人们可以
通过镜子看到自己。我每天早晨出门
上班的时候都通过镜子检查自己的装
束，我们家的镜子也和我的身高基本
一致。我不相信镜子的高度只有人身
高的一半时，可以通过镜子看到整个
身体。如果可以话，这面镜子不会是
平面镜而是什么具有魔法的镜子吧？
所以我认为原告的主张没有物理学方
面的依据。

审 判 长：请原告方陈述。

皮兹律师：吴利茫律师应该加强物理知识的学

138

半身镜

习。我会现场展示如何用高度仅为吴利茫律师身高一半的镜子照出吴利茫律师的整个身体。

皮兹律师提着高度仅为吴利茫律师身高一半的镜子让吴利茫律师站在镜子前面。令人吃惊的是镜子竟然可以照出吴利茫律师的全身，吴利茫律师瞬间感到无地自容。

吴利茫律师：我放弃继续申诉。

审　判　长：因为已经开庭了，所以大家必须等到庭审结束。

皮兹律师：请镜子研究所的李镜子出庭作证，并请她解释一下用半身镜能看到全身的原因。

一位30岁左右的女人提着漂亮的公主镜走向证人席。

皮兹律师：请您先介绍一下自己的职业。

半身镜

李　镜　子：我从小就喜欢照镜子。为什么呢？这是因为我很珍贵……

皮兹律师：请证人回答刚才的提问。

李　镜　子：您问了什么？

皮兹律师：好吧！请问为什么用半身镜可以看到全身？

李　镜　子：原理很简单。人的眼睛看到的光线是镜子中间部分反射的光线。所以用自己一半身高的镜子就可以看到自己的整个身体。

皮兹律师：原告甄啻啬先生想花最少的钱购买到能看到自己全身的镜子。想看到自己全身，镜子的高度只需身高的一半就可以了，但是镜子店主人却卖给原告与其身高一样的镜子。这明显是不公平的交易。

审　判　长：现在开始宣判：因为光的反射，我们用高度只有自己身高一半的镜子就可以看到全身。原告甄啻啬先生并不需

半身镜

要和自己身高一样的镜子，镜子的高度只需身高的一半就可以，原告的主张符合物理学上的根据。因此判决甄咨啬先生重新购买高度为自己身高一半的镜子，被告镜子店老板应该返还原告一半的镜子钱。

审判结束后，甄咨啬先生在自己的墙上挂了一面高度是自己身高一半的镜子。以后镜子店在销售镜子时都询问顾客身高的一半是多少。

用铁筷子吃凉粉

用铁筷子吃凉粉

用滑滑的铁筷子吃凉粉很费力，谁应该对此负责？

十分喜欢凉粉的艾良粉先生经常光顾本市有名的凉粉店，品尝各种凉粉。在科学王国中，几乎没有他没尝过的凉粉。

一天，艾良粉先生在报纸上看到关于凉粉专卖店好凉粉饭店的广告。一谈到凉粉就"魂不守舍"的艾良粉先生立刻拿着地图找到了好凉粉饭店。

饭店前面聚集了很多人，都是看到广告之后赶来的凉粉迷。终于轮到了在门外排队排了很久的艾良粉先生了，找好位置以后艾良粉先生点了凉粉杂烩，他想品尝一下各种凉粉。

艾良粉先生对新出现的凉粉很期待，不一会儿，服务员就端上来一盘五颜六色、模样各异的凉粉杂烩。

艾良粉先生用筷子夹起了透明的凉粉。凉粉就像泥

用铁筷子吃凉粉

鳅一样，刚被筷子夹起来就掉了下去。筷子是圆形的铁筷子，艾良粉先生本来就不擅长用筷子，用铁筷子夹凉粉对他来说更不是件容易的事情。于是他让服务员给他拿木筷子，但是那家餐厅却没有。

艾良粉先生只好再试着用铁筷子吃凉粉，可是总是夹不起来。最后他没能吃成凉粉，为此他拒绝付费。但是服务员却坚持说艾良粉先生点了凉粉而且已经吃了必须付费。最后这个案件被移交到了物理法庭。

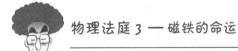

用铁筷子吃凉粉

食物和筷子之间的摩擦力太小的话，食物很难被夹住。

用铁筷子吃凉粉

　　用圆的铁筷子吃滑的凉粉是件困难的事情吗？那么，凉粉餐厅应该准备什么样的筷子？去物理法庭找找答案。

审　判　长：请被告方辩护。

吴利茫律师：科学王国是世界上最擅长使用筷子的国家。虽然我们的邻国工业王国和农业王国经常使用木筷子，但是我们还是习惯使用便于清洗的铁筷子。我们的国民从小就习惯使用筷子，有些小学还举行了一些有关筷子的比赛，例如用筷子夹大豆等，通过这些比赛可以强化筷子的使用。凉粉是科学王国公民喜欢的传统食物。大部分人习惯用铁筷子食用凉粉。艾良粉先生之所以不能夹起凉粉，是因为他不能熟练使用铁筷子，因此好凉粉饭店不需要对此负任何的责任。

审　判　长：请原告方陈述。

用铁筷子吃凉粉

皮 兹 律 师：正如被告所言，科学王国的国民习惯
　　　　　　使用筷子。为了弄清楚圆形的铁筷子
　　　　　　在夹凉粉时会发生什么物理现象，请
　　　　　　筷子研究所的研究员李筷子出庭作
　　　　　　证。

　　一位身材像筷子一样苗条的女人
坐在了证人席上。

皮 兹 律 师：请问证人，您是否在研究筷子和食物
　　　　　　之间的关系？

李　　筷　　子：是的。我们研究所主要研究各种类型
　　　　　　的筷子，推荐适合各种食物的筷子，
　　　　　　而且还不断开发新一代的筷子。

皮 兹 律 师：用铁筷子夹凉粉时涉及什么物理学的
　　　　　　原理？

李　　筷　　子：筷子的种类主要是根据制造材料来区
　　　　　　分的。在制造筷子时经常使用的材料
　　　　　　是铁、木头、塑料等。其中科学王国

用铁筷子吃凉粉

经常使用铁筷子,而其他的王国的公民不习惯使用铁筷子。

皮兹律师: 为什么用铁筷子夹食物不方便?

李 筷 子: 这取决于食物和筷子之间的摩擦力。一般情况下,摩擦力越大,被夹起的食物越不容易滑落。但是铁筷子与木筷子及塑料筷子相比摩擦力小,所以用铁筷子夹凉粉时凉粉很容易滑落。

皮兹律师: 那么说,用铁筷子吃凉粉是相当不容易的事情了。

李 筷 子: 年龄大的人可能会熟练地使用筷子。但由于现在的年轻人经常食用快餐和西餐,所以与筷子相比,他们更习惯使用叉子和勺子,因此使用铁筷子吃凉粉对他们来说是相当不容易的事情。

皮兹律师: 在凉粉餐厅就餐时难道不能用木质筷子代替铁质筷子吗?

李 筷 子: 木筷子和凉粉之间的摩擦力大,可以

用铁筷子吃凉粉

很容易地夹起凉粉。但是在食用冷食时最好使用铁质筷子，这样才能品尝出冷食的味道。

皮兹律师：真是个复杂的问题啊！

李 筷 子：但是并不是所有铁筷子的摩擦力都很小。

皮兹律师：这是什么意思？

李 筷 子：根据我们的研究，四角形筷子的摩擦力会大一些。把食物和筷子接触的部分凿上粗糙的槽，使筷子和食物接触的面积变大，摩擦力就会变大，这样夹起的食物就不会滑落了。

皮兹律师：原来是这样。尊敬的审判长大人，虽然我们是以熟练使用筷子而著称的民族，但是并不是每一个人都可以熟练地使用筷子。即使一个人可以非常熟练地使用筷子，但是在用筷子食用像凉粉这样易滑的食物时也难免有失误。好凉粉饭店理应根据物理学上的

用铁筷子吃凉粉

原理为客人提供摩擦力大的、容易使用的筷子，但是餐厅却没有这样做。

审　判　长：我认为原告的陈述和证人的举证都有道理。顾客花钱到餐厅消费，理应享受到好的服务，这一点也可以理解。但是从另一个角度考虑，艾良粉先生作为科学王国的国民，没能从祖先那里好好地学习使用筷子的方法，以至于自己不能熟练地用筷子，这也是有问题的。因此本庭判决如下：好凉粉饭店赔偿艾良粉先生的食物消费，艾良粉先生必须参加一个月的筷子辅导班，加强筷子的使用练习。

审判结束后，好凉粉饭店将所有的筷子都换成了筷子研究所开发的摩擦力大的铁筷子，艾良粉先生参加了筷子培训班，每天上午练习用筷子夹豆子，吃饭时练习用筷子去夹易滑的菜。一个月后，艾良粉先生可以娴熟地使用筷子了。

热量，你去哪儿了？

从高温物体传向低温物体的能量就是热能。但是，热量是怎样传播的呢？热量传播的方式主要有三种：传导、对流、辐射。

首先认识一下热量的传导。就像通过易导热的金属那样，热量通过易于导热的固体传播的现象叫作热量的传导。炒勺内的肉之所以能炒熟是因为热量通过炒锅传递到了肉上。

什么是热量的对流？热量对流是指在液体和气体之间进行的热量传导。想想烧热水时的情景吧。刚刚给锅加热时，底部的水是热的，上部的水却是凉的。

水分子吸收热量后能量变大，从而能够快速地移动。同时变热的水会膨胀，但是质量不变，只是表面积变大密度变小。因为热水的密度比凉水的密度小，所以热水会浮在上面。向上移动的热水将热量传播到凉水中，使锅里的水都变热，像这样的热传导叫

烧水的时候，为什么上面的水热下面的水凉？

因为热水的密度比凉水的密度小，所以会浮在上面。

作对流。对流主要是在分子易于移动的气体和液体之间发生。

那么，什么是热量的辐射呢？太阳的热量是以什么方式传播到地球的？太阳和地球之间不存在任何的物质。

它不是通过易于导热的金属传播，所以不是传导。同样，太阳和地球之间没有气体或者是液体状态的物质，所以也不能称作是热量的对流。在高温物体和低温物体之间不借助其他物质的帮助直接传播热量的现象叫作热量的辐射。太阳的热量就是通过辐射传播到地球上的。

被加热的物体发出的热量能够传到我们身体中，这也依靠辐射。随着物体温度的升高，物体的颜色会由红色变成黄色或者是紫色，物体的颜色和辐射有着密切的关系。与红色相比，黄色更加有利于辐射，因此也就可以传播更多的热量。我们在观察夜晚的星星时，可以根据星星的颜色来分辨星星的温度。像猎户座 α 星那样闪烁着红色光的星星温度低，像天狼星那样闪烁着绿光的星星温度高。

与物理交个朋友

在写作这本书的过程中，有一个烦恼一直困扰着我。这本书究竟是为谁而写？对于这一点我感到无从回答。最初的时候，我想把这本书的读者定位为大学生和成人。但或许小学生和中学生对这些与物理密切相关的生活小案件也有极大的兴趣，出于这种考虑，我的想法发生了改变，把这本书的读者群定位为小学生和中学生。

青少年是我们祖国未来的希望，是21世纪使我们国家发展为发达国家的栋梁之才。但现在的青少年好像对科学教育不怎么感兴趣。这可能是因为我们盛行的是死记硬背的应试教育，而不是让孩子们以生活为基础，去学习和发现其中的科学原理。这不得不让我怀疑韩国真能培养出诺贝尔奖获得者吗？

笔者虽然不才，可是希望写出立足于生活，同时又符合广大学生水平的物理书来。我想告诉大家，物理并不是多么遥不可及的东西，它就在我们身边。物理的学习始于我们对周围生活的观察，正确的观察可以帮助我们准确地解决物理问题。

图书在版编目(CIP)数据

物理法庭. 3, 磁铁的命运 / (韩) 郑玩相著；牛林杰等译.
—北京：科学普及出版社，2012
（有趣的科学法庭）
ISBN 978-7-110-07818-1

Ⅰ.①物… Ⅱ.①郑… ②牛… Ⅲ.①物理学－普及读物
Ⅳ.①O4-49

中国版本图书馆CIP数据核字（2012）第190620号

作　　者　[韩] 郑玩相
译　　者　牛林杰　王宝霞　朱明燕　窦新光　吕志国
　　　　　汤　振　潘　征　吴　萌　陈　萍　黄文征

出版人　苏　青
策划编辑　肖　叶
责任编辑　肖　叶　梁军霞
封面设计　阳　光
责任校对　林　华
责任印制　马宇晨
法律顾问　宋润君

科学普及出版社出版
北京市海淀区中关村南大街16号　邮政编码：100081
电话：010-62173865　传真：010-62179148
http://www.cspbooks.com.cn
科学普及出版社发行部发行
鸿博昊天科技有限公司印刷
*
开本：630毫米×870毫米 1/16　印张：9.75　字数：156千字
2012年8月第1版　2012年8月第1次印刷
ISBN 978-7-110-07818-1/O·103
印数：1-10000册　定价：18.50元